AF363113
RHEINISCH-WESTFÄLISCHE AKADEMIE DER WISSENSCHAFTEN

Rheinisch-Westfälische Akademie der Wissenschaften

Geisteswissenschaften   Vorträge · G 197

Herausgegeben von der
Rheinisch-Westfälischen Akademie der Wissenschaften

HENRY CHADWICK

Betrachtungen über das Gewissen
in der griechischen, jüdischen und christlichen
Tradition

Westdeutscher Verlag

183. Sitzung am 28. Februar 1973 in Düsseldorf

ISBN-13: 978-3-531-07197-8   e-ISBN-13: 978-3-322-90057-9
DOI: 10.1007/978-3-322-90057-9

Gewissen – ein Begriff mit einer langen und verwickelten Geschichte. Man bezeichnet damit ein Phänomen oder vielmehr eine Vielfalt von Phänomenen, die viel weiter reicht als man dem Wort auf den ersten Blick entnehmen kann. Eine weitere Schwierigkeit ist die, daß man diese Phänomene beschreiben kann, ohne das Wort „Gewissen" überhaupt zu gebrauchen. Wer daher die Idee „Gewissen" in seiner historischen Entwicklung verfolgen will, muß sich davor hüten, sich lediglich an das Wort zu halten. Nur die Geschichte des Wortes „Gewissen" zu schreiben, hieße unter Umständen, daß man verhältnismäßig wenig Wesentliches beitrüge zu Fragen der Moral, Religion oder auch nur einfach zu klarem Denken. Eine lexikographische Untersuchung erfordert wissenschaftliche Präzision in höchstem Grade und kann gewiß zu unserem Thema vieles beitragen. Aber in der Behandlung eines menschlichen Urerlebnisses muß die Betrachtung des Wortes selbst ein bloß untergeordnetes Hilfsmittel verbleiben. Und wenn wir nach Art und Weise der modernen Sprachphilosophen damit anfingen, den alltäglichen Sprachgebrauch des Wortes zu untersuchen, würden wir wahrscheinlich zu einer solchen Vielfalt in Gebrauch und Bedeutung gelangen, daß die ganze Untersuchung Gefahr liefe, in Verwirrung zu enden. Da uns jedoch der natürliche alltägliche Gebrauch des Begriffes wohl wenigstens in die gewünschte Richtung hinweist, sind immerhin ein paar Bemerkungen in dieser Hinsicht angebracht.

I.

Gewöhnlich gebrauchen wir das Wort „Gewissen" für eine persönliche sittliche Beurteilung. Manchmal bezeichnen wir allerdings etwas als für das Gewissen der Gesellschaft unbedingt notwendig oder unannehmbar – womit wir jene Werturteile meinen, die von der Mehrheit einer offensichtlich in sich geschlossenen Kulturgemeinschaft allgemein angenommen werden. Für den Einzelnen besteht dann die Kundgebung seines Gewissens in der Annahme dieses Werturteils, auch wenn er sich nicht immer vollauf dessen bewußt ist, was er tut. In der Mehrzahl der Fälle jedoch wird das Wort offenbar in einem persönlichen Sinne gebraucht, indem nämlich der Einzelne seine eigenen Handlungen beurteilt. Und hier stoßen wir auf eines der grundsätzlichen Paradoxa beim Studium des Themas „Gewissen". Einerseits gebrauchen wir den Begriff für jenen innersten Bereich der Persönlichkeit, in dem das Selbst in unbeeinträchtigter Souveränität herrschen soll, als König im eigenen Reich, unbehelligt von Kompromissen und vom Druck der breiten Massen. Andererseits hat eben die Gemeinschaft, in welcher der Einzelne ein teilhabendes Glied ist, weitgehenden Einfluß auf dessen Formierung und Bildung und auf die zur Verfügung stehenden Möglichkeiten der Reaktion im individuellen Fall einer sittlichen Entscheidung.

Auf die Bedeutsamkeit dieses Einflusses seitens der Familie und Gemeinschaft haben moderne Psychologen und Sozialanthropologen immer wieder hingewiesen. Empirische Psychologen haben viel Material gesammelt, welches es sehr glaubhaft erscheinen läßt (wenn es auch noch nicht völlig bewiesen ist), daß das Gewissen eines bestimmten Einzelmenschen eng zusammenhängt mit dem Grade an elterlicher Liebe und Wärme, die er als Kind empfing. Wer in der Kindheit wenig Liebe empfängt, hat kaum Schuldgefühle hinsichtlich antisozialer Handlungen, und spätere Bestrafung trägt wenig oder vielleicht überhaupt nichts dazu bei, um jene inneren Hemmungen zu erzeugen, die anscheinend nur eine wahrhaft liebende Gerechtigkeit geben kann.

Von seiten der Psychologie besteht daher eine starke Neigung, das Gewissen fast als eine mühsam erworbene Eigenschaft zu behandeln, die auch wieder verlorengehen kann und sich gewiß durch Manipulation in etwas ganz anderes umkehren läßt. In der Tat braucht man nicht einmal so weit zu greifen: Denn *einer* Definition zufolge ist das Gewissen *der* Teil der Persönlichkeit, der in Alkohol aufgehen kann. Es liegt durchaus in der Methode des Psychologen und des Soziologen, daß die Jünger beider Wissenschaften (nach der logischen Gesetzlichkeit ihrer Methoden) Menschen, ob in Gruppen oder einzeln, als vorherbestimmt und bestimmbar behandeln. Natürlich gewinnen wir daher (beim Lesen ihrer Veröffentlichungen) den Eindruck, daß das Gewissen eher eine Art bedingter Reflex ist als eine Seite der Persönlichkeit, der man irgend etwas so Großartiges wie eine Absicht oder einen Entschluß zusprechen dürfte. Die Sozialanthropologen andrerseits haben sich darin ergangen, unsere Aufmerksamkeit auf die Verschiedenheit in den Sitten und Bräuchen einzelner Kulturkreise zu lenken. Und wahrscheinlich braucht man gar nicht bis zu primitiven Stämmen zu gehen, um Beweismaterial für derartige Verschiedenheiten zu gewinnen. Sicher lassen sich selbst in Deutschland Gegenden finden, wo auf Grund des sozialen Herkommens und Brauchtums das Sprechen der Wahrheit innerhalb der Skala der Tugenden vielleicht nicht so hoch gewertet wird als, sagen wir, nördlich des Harzes. Unter gebildeten und hochzivilisierten Menschen in jeder Gesellschaft gibt es weitreichende Unterschiede in ihrer tief in ihrem Gewissen verwurzelten Meinung über so wesentliche Dinge wie die Erhaltung des Friedens durch Bedrohung mit Kernwaffen, Sinn und Zweck der Strafe im allgemeinen und der Todesstrafe im besonderen, Ehescheidung und ihre Folgen, die Antibabypille und so weiter.

Es liegt natürlich nichts Neues in der Erkenntnis, daß Kulturgemeinschaften und Einzelne über strittige Fragen verschieden urteilen, bei denen man auf beiden Seiten wesentliche Beweisgründe vorbringen kann und wo uralte Bräuche gewichtig in die Waagschale fallen. Diese Beobachtung war in der Antike wohlbekannt und wird besonders in den Episteln des Apostels Paulus vorausgesetzt, wo die Tatsache besonders betont wird, daß in vielen praktischen Fragen die Meinungen gleich hochgesinnter Menschen voneinander abweichen können und daher die sittlichen Entscheidungen anderer respektiert werden sollten. Es besteht jedoch ein gewaltiger Unterschied zwischen dieser Ansicht und dem weitverbreiteten modernen Aberglauben, daß „das Gewissen" ein ausschließlich privater Dämon ist, der logischer Überzeugungskraft völlig unzugänglich ist und auf der Stelle Urteile hervorbringt, die bei verschiedenen Menschen so sehr voneinander abweichen, daß man unmöglich sagen kann, irgend etwas oder irgend jemand sei im Unrecht (oder auch im Recht). Man muß gewiß zugeben, und ich glaube sogar fest behaupten, daß das Gewissen eine sehr persönliche Angelegenheit ist, eine warnende Stimme im Innern, die jedoch nur für den Betreffenden selbst wirksam urteilen kann. *Mein Gewissen* kann nicht entscheiden, was *Sie* tun sollen. Aber daraus läßt sich nicht folgern, daß das Gewissen eine ausschließlich private Angelegenheit ist, in dem Sinne, daß es von dem sittlichen Urteil anderer in der Gemeinschaft völlig unabhängig ist oder daß es im Geiste völliger Gleichgültigkeit gegenüber den Forderungen, die die Gemeinschaft selbst erheben mag, seine eigenen Entscheidungen treffen kann. Auch folgt daraus nicht, daß die Entscheidungen dieses persönlichen Gewissens von dem Nervenbündel in unserer Magengrube hervorgebracht werden, ohne ersichtlichen Zusammenhang mit irgendwelchen logischen Prinzipien oder Geboten, die (wie etwa die Straßenverkehrsordnung) in vernünftiger Form die notwendigen Richtlinien zur Verhinderung tödlicher Unfälle festlegen.

An diesem Punkte nun ergibt sich, daß die Vorstellung vom Gewissen eine Geschichte besitzt, und diese Entwicklung zu verfolgen gewinnt besonderes Interesse, weil sie uns ermöglicht, klar zu sehen, wie der soziale Zusammenhang Idee und Erfahrung des Gewissens beeinflußt. Die wesentliche Rolle der Familie und Kulturgemeinschaft in der Bildung sittlicher Begriffe besteht

darin, daß der Begriff der Schande als Abschreckungsmittel gegen mißbilligte
Handlungen entwickelt wird. Andrerseits hängt die Idee von der Verantwortlichkeit des Einzelnen mit dem Begriff der Schuld zusammen. In dieser
Antithese von Schuld und Schande, die in Arbeiten neueren Datums vielfach
betont worden ist, treffen wir auf ein wesentliches Element in unserer
Erörterung.

Soviel zur allgemeinen Einführung. Hier mag es hinreichen festzustellen,
daß Untersuchungen von Psychologen und Sozialanthropologen die folgenden Fakten hervorgehoben haben: daß das Gewissen erstens einen Entwicklungs- und Bildungsprozeß durchmacht, und zweitens nicht unfehlbar ist.
Es lohnt, beiläufig zu bemerken, daß innerhalb der jüdisch-christlichen Tradition Theologen und Philosophen keine dieser beiden Feststellungen als zu
weitgehend betrachten würden. Sie würden sie nicht einmal als etwas Neuentdecktes ansehen, obgleich sie ohne Zweifel dafür dankbar sein würden,
daß jemand sich der Mühe unterzogen haben sollte, eine mehr auf wissenschaftlicher Grundlage aufgebaute Namengebung zu finden für Phänomene,
von denen ernsthafte Beobachter der menschlichen Natur schon längst wußten. Die Formierung und Bildung des Gewissens, die Beschränkungen, die
ihm durch Umwelt und Erziehung auferlegt sind – das sind Themen, die
eine lange Geschichte der Erörterung und kritischen Untersuchung hinter sich
haben. Das Gewissen ist nicht eine Art psychisches Organ, eine angeborene
Fähigkeit, die schon in voller Reife zur Welt käme und im wesentlichen vom
Druck anderer innerhalb der sozialen Struktur unbeeinflußt wäre. Und doch
bildet die Erkenntnis seiner Unabhängigkeit und Souveränität einen wesentlichen Bestandteil dessen, was wir unter Reife, Würde und Wert des Einzelnen verstehen. Es liegt nicht der geringste Grund vor, weshalb die Anerkennung der Rolle der Gesellschaft bei der Bildung des Gewissens das Zugeständnis von gewissen feststehenden Geboten ausschließen sollte.

II.

Die Griechen des klassischen Altertums sind für die Geschichte der
Bewußtwerdung des Gewissens besonders faszinierend, weil wir eine klare
Entwicklung der Idee persönlicher Verantwortlichkeit verfolgen können. In
seinem Werk „Merit and Responsibility" (aus dem Jahre 1960) vertritt
Arthur Adkins die Ansicht, daß im homerischen Zeitalter Tugend eine Sache
der Vortrefflichkeit im Einzelkampf war, daß für die Götter bei Homer
sittliches Verhalten überhaupt nicht in Betracht kam und sie dafür auch gar
nicht geeignet gewesen wären, und daß ihre Billigung dessen erst später kam,

zu einer Zeit, da die Gesellschaft sich mehr in Städten konzentrierte, daher größerer Wert auf Zusammenarbeit gelegt wurde und die Idee des Wettstreites an Bedeutung einbüßte. Ich kann Herrn Adkins nicht in allem folgen, aber es ist gewiß richtig, daß der Begriff der sittlichen Verantwortlichkeit des Einzelnen erst erstaunlich spät in der klassischen Literatur Griechenlands auftritt. Bei Homer ist der Hauptantrieb dafür, zu handeln oder vom Handeln abzustehen, das Bestreben, die Hochachtung anderer zu gewinnen – und das wirkungsvollste Abschreckungsmittel die öffentliche Schande. Es gibt noch kein gespaltenes Bewußtsein des eigenen Ich, wobei der eine Teil über den anderen zu Gericht sitzt, verdammend oder freisprechend. Wenn es eine Warnung gibt, daß eine gewisse Handlungsweise unrichtig ist, kommt sie nicht als warnende Stimme aus dem Innern, sondern irgendein Gott erscheint, um die Botschaft zu übermitteln. Am Anfang der Odyssee hören wir, daß Ägisth Ehebruch mit Klytämnestra und die Ermordung ihres Gemahls Agamemnon plant; da erscheint der Gott Hermes, um ihn zu warnen, daß der Knabe Orest, sobald er erwachsen ist, seinen Vater rächen werde. Ist dieses Erscheinen des Hermes eine Personifizierung des Gewissens? Es ist bemerkenswert, daß die Botschaft des Hermes eine Warnung vor unangenehmen Folgen ist, nicht eine Erklärung, daß Zeus etwas Derartiges mißbilligt, oder ein Versuch, an Ägisths besseres Selbst zu appellieren. Dieses Beispiel ist allerdings aus der Odyssee, und die Vorstellung von den Göttern in der Odyssee ist nicht identisch mit der in der Ilias, besonders hinsichtlich ihrer Bereitwilligkeit, Gut und Böse zu belohnen und zu bestrafen (ein Argument, das man den vielfach erörterten geographischen und literarischen Gründen für die Annahme, daß Ilias und Odyssee verschiedenen Händen entstammen, hinzufügen mag). Nichtsdestoweniger spiegeln beide Dichtungen natürlich dieselbe Welt wider. Im allgemeinen befinden sich die homerischen Helden in beiden Dichtungen *nicht* in Situationen moralischer Unentschlossenheit, außer wenn sie auf dem Schlachtfeld nicht genau wissen, ob sie mutig genug sind standzuhalten oder ob es klüger sei, davonzulaufen.

Es gibt jedoch eine denkwürdige Stelle im neunten Buch der Ilias. Phoenix, Leibgarde und Wagenlenker des Achilles, fleht diesen an, nicht weiterhin zu trotzen, sondern Agamemnon gegenüber nachzugeben. Sein Argument dafür ist, daß dadurch Achills Ansehen in der öffentlichen Meinung steigen würde. Um Achill zu überzeugen, erzählt Phoenix seine eigene Lebensgeschichte, die darlegen soll, wie die Achtung für die Meinung anderer einen dahingehend beeinflussen kann, nicht auf dem eigenen Recht zu beharren (wie Achilles es tut). Phoenix war Soldat geworden, weil er aus dem Elternhaus weggelaufen war. Er hatte sich mit seinem Vater überworfen, der sich zum Kummer seiner Mutter eine Mätresse hielt. Von seiner Mutter angestiftet, war er mit der

Geliebten seines Vaters ein Liebesverhältnis eingegangen. Darüber war sein Vater so erbost, daß er die Rachefurien anrief, über seinen Sohn den Fluch der Kinderlosigkeit zu verhängen, was diese prompt und erbarmungslos erfüllten. Zuerst (setzt Phoenix auseinander) habe er seinen Vater töten wollen, aber einer der unsterblichen Götter habe ihn davon abgehalten, indem er ihn dazu brachte zu bedenken, was die Leute davon halten und sagen würden, und welche schreckliche Schande er als Vatermörder auf sich laden würde. Die Folgerung ist klar: Es wäre gerechtfertigte Tötung gewesen. Nichtsdestoweniger habe es Phoenix vorgezogen, die gute Meinung der Öffentlichkeit zu berücksichtigen, die Vatermord mit besonderem Schauder betrachtet. Achill solle entsprechend anerkennen, daß die Bewunderung der Griechen für ihn wichtiger sei als einem gerechten Zorn gegen Agamemnon zu frönen. Achill beantwortet dieses Argument mit der Erklärung, er mache sich nichts aus der guten Meinung der Achäer – er ziehe es vor, Zeus auf seiner Seite zu haben.

Uns mag die der Antwort des Achill zugrunde liegende Gesinnung sehr edel vorkommen. Leicht modifiziert, könnte sie für Christen fast wie ein apostolischer Ausspruch klingen, daß man Gott mehr als den Menschen gehorchen soll. Doch hatte Homer gewiß keine sittlichen Beweggründe im Sinn. Seine Darstellung von Achills Charakter ist faszinierend in ihrer Doppelwertigkeit. Achill ist als unübertrefflicher Krieger gewiß ausgezeichnet, aber in Homers Schilderung mangelt es ihm jämmerlich an Menschlichkeit und Rücksicht für andere. Achill ist bei Homer fast zu sehr das menschliche Gegenstück zu Ares, dem Kriegsgott, eine wirksame Tötungsmaschine, hassenswert und dumm in seinem völligen Mangel an Unterscheidungsvermögen. Obgleich das Thema Homers der Krieg ist, hat der Dichter keine Bewunderung für den Krieg, abgesehen davon, daß er tapfere und mutige Helden hervorbringt. Wenn Achill Hektor tötet, erklärt Homer traurig, daß er „das Mitleid getötet" habe: Achill hatte nichts von dem Schamgefühl, jener Empfindlichkeit gegenüber der Meinung anderer, die die Menschen, ob in gutem oder schlechtem Sinne, beeinflußt.

Bei Äschylus und den griechischen Tragikern finden wir ähnliche göttliche Warnungen und mehrere Situationen, wo Personen in den Dramen leidenschaftlich Reue und Bedauern über ihre Handlungen ausdrücken. Oder das „gute Gewissen" des Prometheus, der ähnlich wie Hiob beteuert, daß er nichts Unrechtes begangen habe, um das Ungemach zu verdienen, das ihn befallen hat. Vor allem aber spricht Äschylus wiederholt von den schlafraubenden Angstzuständen des Übeltäters, von andauerndem Alpdrücken, wo das Herz „vor Furcht tanzt". Orest wird bei Äschylus von den Furien gehetzt, denen er nicht entrinnen kann. Er flieht, doch ohne Erfolg. Wie

Hunde hetzen ihn die Furien, und sie werden seine Bluttat erbarmungslos rächen. Die Furien sind bei Äschylus eine Art Personifizierung der Gewissensbisse. Nur scheint wie bei Homer kein Zusammenhang zu bestehen zwischen der Schuld und der Absicht, mit der die Tat begangen wurde. Der Grund für die Verfolgung des Orest durch die Furien liegt nicht in seiner wohlüberlegten, verantwortungsbewußten Tat, in dem Muttermord, sondern in dem Makel und der Entweihung, die er auf sich lädt. Es ist etwas Elementareres als Schuld und Schande.

So wie wir zu Sophokles kommen, beginnt das Problem der persönlichen Verantwortlichkeit, wenn auch nur andeutungsweise, aufzutauchen. Aber der Zwiespalt in der Seele wird nicht ausdrücklich erwähnt. Erst bei Euripides tritt dieses Thema in den Vordergrund. Er gebraucht für diesen Zwiespalt verschiedene Male den Ausdruck, „sich seiner selbst bewußt sein": Das heißt, sich eines akuten inneren Konfliktes bewußt zu sein. Es bedeutet, zu wissen und durch Wissen zu leiden. Und das griechische Wort für „Selbsterkenntnis", „Syneidesis", das etymologisch genau dem Lateinischen „conscientia" und dem Englischen „conscience" („Mitwissen") entspricht, ist im vierten Jahrhundert bereits ein allgemein gebräuchlicher Ausdruck, nicht jedoch ein Terminus technicus der Philosophen. Wir finden ihn bei populären Schriftstellern: Moralisten, Historikern, politischen Schriftstellern wie Xenophon und Isokrates, und er ist offenbar dem täglichen Sprachgebrauch entnommen.

In der Zeit nach Alexander dem Großen ist der Gebrauch des griechischen Wortes in besonderes Dunkel gehüllt, und ich fühle mich verpflichtet zu sagen, daß dieses Dunkel keineswegs aufgehellt worden ist durch das dogmatische Beharren, mit dem einige Gelehrte erklären, alles darüber zu wissen. So wurde mit großer Zuversicht behauptet – und Studenten wiederholen diese Behauptung immer noch bei Prüfungen –, daß die Lehre des Apostels Paulus vom Gewissen auf die Stoiker zurückgeht. Das ist aber unrichtig, denn der Ausdruck selbst kommt in diesem Sinne in den Schriften griechischer Stoiker nicht vor. Und obgleich der römische Stoiker Seneca viel über „conscientia" zu sagen hat, findet sich verhältnismäßig wenig, was ernstlich auf getreue Parallelen dieser Art hinwiese.

Viele andere ebenso schlecht belegte Theorien sind vorgebracht worden, zum Beispiel hinsichtlich der esoterischen introspektiven Neupythagoreer, über die wir eingestandenermaßen nicht so viel wissen wie wir gerne möchten; der kynischen Prediger, von denen wir noch weniger wissen; und selbst der Epikureer, über die wir recht gut unterrichtet sind. Die Epikureer hätten leicht von Gewissensbissen und -qualen sprechen können, denn Epikurs Hauptargument dafür, das nicht zu tun, was als unrecht angesehen wird, waren die unangenehmen Folgen, die es nach sich zieht. Nicht daß Ehebruch an sich etwas Unrechtes wäre, aber daß seine Folgen so lästig seien (durch eine eigenartige Fügung ist, scheint es, Tugendhaftigkeit so viel einfacher!). All diese Versuche, Vorläufer des paulinischen Gebrauches von „Gewissen" zu eruieren, sind zwecklos und unsinnig, und soweit wir absehen können, hat es den Anschein, daß die einzig richtige Antwort die ist, daß das Wort in allgemein-populärem Gebrauch war, doch nicht als Terminus technicus der Philosophen. Für den Gebrauch des Wortes im moralischen Sinn gibt es nur *eine* wesentliche Stelle bei einem griechischen Schriftsteller der hellenistischen Zeit – und zwar nicht bei einem Philosophen, sondern bei dem Historiker Polybius, wenn er sagt, daß es für einen Mörder keinen so furchtbaren Zeugen oder Ankläger gibt wie das Gewissen in der eigenen Seele.

Die Skepsis, mit der wir meines Erachtens diese Versuche, die Ansichten hellenistischer Philosophen über das Gewissen zu analysieren, betrachten sollten, wird verschärft nicht nur durch den Mangel an tatsächlichem Beweismaterial, sondern auch durch die Unklarheit der dabei verwendeten logischen Beweisführung. Bloß die Wortgeschichte der griechischen und lateinischen Wörter zu betrachten, kann uns nicht davon überzeugen, daß immer dasselbe Erlebnis vorliegt, wenn das gleiche Wort gebraucht wird. Manchmal bedeutet „conscientia", „syneidesis" oder „synesis" einfach eine Bewußtheit, manchmal aber eine tiefinnere Überzeugung: sehr ähnlich dem französischen „conscience". Es ist irreführend zu meinen, daß die Geschichte des Wortes identisch ist mit dem erlebten Phänomen und seiner Wiedergabe durch ein Wort. Es mag fast ebenso irreführend sein anzunehmen, daß wir uns alle über den genauen Charakter dieses Erlebnisses einig sind, für das der populäre Sprachgebrauch das Wort „Gewissen" verwendet, und zu glauben, daß alles, was wir zu tun haben, darin besteht, Beweismaterial über diese Erlebnisse in psychologischen, moralischen und philosophischen Betrachtungen der Vergangenheit zu sammeln.

All dieses Beweismaterial aus dem klassischen Griechenland läßt sich dahin zusammenfassen, daß wir mit *einem* hervorstechenden Sinn des Wortes „Gewissen" dastehen, nämlich jener inneren Stimme in uns, die unsere Handlungen verurteilt, indem sie uns anklagt und uns dadurch einen inneren Schmerz verursacht, der viel verheerender ist als alle Strafen, die je von einem Gerichtshof auferlegt werden. Bei den Epikureern und bei dem ältesten Zeitgenossen des Paulus, Philo von Alexandria, finden wir den alten Mythos, daß die im Hades auferlegten Foltern und Martern entmythologisiert werden sollten, in dem Sinne, daß sie nur jene innere seelische Auflösung bedeuten, die von einem schlechten Gewissen herrührt. Das gehört zur platonischen Tradition, denn Plato schildert im „Staat" (vielleicht mit einem Echo, das an Äschylus anklingt) Alpträume eines Mannes, der unter Gewissensbissen leidet und unter der Furcht vor dem Gericht nach dem Tod.

Im Gegensatz zu Homer ist es bei Plato etwas Schreckliches, Unrecht begangen zu haben, selbst wenn sonst niemand etwas davon weiß. Die alten Griechen kannten auch das Phänomen eines guten Gewissens, das Gefühl der verfolgten Unschuld, das innere Bewußtsein des Rechtschaffenen, ungerecht angeklagt zu werden, wohl wissend, daß zwar ein Ankläger der Außenwelt, nicht aber die Stimme im eigenen Innern die Anklage erhebt. Und da ist das gute Gewissen ein passiver, ja fast negativer Begriff. Ein schlechtes Gewissen ist etwas sehr Aktives, Nagendes, Unbequemes; ein gutes Gewissen etwas Schweigendes, Passives, Ruhiges. Und endlich kannten die Griechen auch die „Seelenlüge", die innere Unaufrichtigkeit, die einen Keil treibt zwischen innere Überzeugung und äußeres Verhalten.

In der frühesten Zeit scheint man das besonders in Hinsicht auf Eide und Meineide gefühlt zu haben, aber bereits im vierten Jahrhundert vor Christi Geburt machte sich das Problem der Aufrichtigkeit hinsichtlich des traditionellen polytheistischen Religionskultes fühlbar. Skeptische Philosophen glaubten nicht an die Götter; trotzdem paßten sie sich den Vorurteilen der breiten Masse an und gingen wie sonst jedermann in die Tempel. Ernste Fragen wurden erhoben über Skrupelhaftigkeit und Moralität einer solchen Handlungsweise. Sophisten zitieren gerne einen bequemen Satz aus Euripides: „Mein Mund hat geschworen, aber mein Herz hat keinen Eid geleistet"; eine Auffassung, die Konservativen wie Aristophanes als unverzeihlicher Zynismus galt. Und so wurde das problematische Verhalten bei der Teilnahme an religiösen Kulthandlungen eine der beliebten Streitfragen des hellenistischen Zeitalters.

III.

Ich muß jetzt die Welt der Griechen verlassen und mich dem Alten Testament zuwenden. Soweit ich weiß, hat noch niemand ein nennenswertes Buch über das Gewissen im Alten Testament geschrieben, und wenn man fragt, warum, ist die Antwort zweifellos die, daß die alten Hebräer (im Unterschied zu den modernen) kein Wort dafür hatten. Obgleich diese Antwort vollkommen richtig ist, bringt sie uns der Lösung nicht näher, weil das bloße Wort verhältnismäßig unbedeutend ist. Es läßt sich sehr leicht nachweisen, daß die seelischen Erlebnisse, die wir mit diesem dunklen und schwierigen prophetischen Wort bezeichnen, im Pentateuch, in den Propheten und in den Schriften ständig vorkommen. Vielleicht ist das Wort hinsichtlich des Schuldopfers, das der Schuldige für von ihm bewußt begangene, aber der Öffentlichkeit nicht bekannte rituelle Vergehen darzubringen hatte, nicht so wichtig. Das ist nicht ganz deutlich: Wir sind uns nicht ganz im klaren über das Verhältnis zwischen Schuldopfern und Sühneopfern. Vor der christlichen Ära scheint es keinen Beweis dafür zu geben, daß Einzelpersonen als Akte eines persönlichen Geständnisses Schuldopfer darbrachten. Aber der Begriff der Schande in der Kultur der homerischen Welt – der Welt also, wo das, was die Leute sagen, die hauptsächliche moralische Erwägung ist – dieser Begriff der Schande hat im Heldenzeitalter des Alten Testamentes gewiß viele Analogien. Der Mut militärischer Tapferkeit, der Druck der Gesellschaft, die bestimmt, was man in Israel tun oder nicht tun darf, das enge Zusammengehörigkeitsgefühl innerhalb der Familien- und Stammesgemeinschaft, das alles findet kräftigen Ausdruck. In der babylonischen Gefangenschaft entdeckten die Israeliten die tiefe Bedeutsamkeit ihres Glaubens für alle Völker und zugleich das unbedingte Verantwortungsgefühl des Einzelnen – ein Thema, dem Jeremias und Ezechiel so rührenden Ausdruck verliehen.

Es war charakteristisch für die alttestamentlichen Propheten, darauf zu beharren, daß das Numinöse mit dem Guten identisch ist. Dieses Beharren machte es unmöglich, rituelle Handlungen von sittlichem Verhalten zu trennen. Viele wohlbekannte Äußerungen der Propheten bekräftigten dies: „Ich will Erbarmen, nicht Opfer", und so weiter. Es lohnt, uns an die Binsenwahrheit zu gemahnen, daß innerhalb der jüdischen und christlichen Tradition „Religion" niemals in ausschließlich kultischem Sinn verstanden worden ist; sie schließt immer ein totales Erfassen des Lebens mit ein und hat den engsten Zusammenhang mit der gesamten Tradition der Gemeinschaft.

Der sprachliche Ausdruck moralischen Verantwortungsbewußtseins erscheint in der hebräischen Überlieferung viel früher als in der griechischen, und man fragt sich, was Homer etwa mit einer griechischen Übersetzung des Propheten Amos angefangen hätte, wenn ihm ein solches Dokument untergekommen wäre. Die Empfindung, daß die Sünde des Einzelnen eine Angelegenheit zwischen ihm und Gott ist, bedeutet, daß die Frage „Aber was werden die Leute dazu sagen?" verhältnismäßig selten gestellt wird.

Das anklagende Gewissen erscheint wohl zuerst in Adams Flucht aus dem Paradies, obwohl man zugeben muß, daß die Geschichte von Adam und Eva etwas von ihrer ewigen und tiefen Überzeugungskraft durch die Vieldeutigkeit gewinnt, ob sie mit dem Gefühl von Scham und Schande zu tun hat oder mit Schuldgefühl; und wenn mit dem ersteren, was ist dann diese Scham und Schande? (Die Antwort auf diese Frage ist durchaus nicht selbstverständlich!) Die Unmöglichkeit, der Gegenwart Gottes zu entrinnen, findet ihren klassischen Ausdruck sowohl in der Geschichte von Jonas wie auch im 139. Psalm: „Wohin fliehen vor deinem Antlitze? ... Bettete ich mich in die Unterwelt, siehe, da bist du" – eine Analogie, wenn man will, zu der Verfolgung des Orest durch die Furien bei Äschylus, nur daß der Psalmist zutiefst dankbar ist, daß er der Gegenwart Gottes nicht entrinnen kann, weil es Liebe ist, was ihn an Gott bindet.

Das Thema von der „verfolgten Unschuld" findet sich im Buche Hiob und hat noch viele andere Parallelen in den Beteuerungen des Psalmisten, daß trotz der Verleumdungen seiner Feinde seine Hände rein sind. Kurz, im Alten Testament findet sich sowohl das durch das anklagende Gewissen gespaltene Ich wie auch der Begriff der richtenden Stimme im Innern, mit dem Recht, sich letzten Endes allen Richtern der Außenwelt gegenüber zu behaupten. Um es noch einmal zu betonen: Diese Ideen erscheinen ganz deutlich viel früher als bei den Griechen – auch wenn die Hebräer tatsächlich kein Wort dafür hatten.

Wenn wir uns nun der späteren jüdischen Literatur des hellenistischen Zeitalters zuwenden und fragen, was aus diesem Thema geworden ist, ist der Jude Philo von Alexandria mit einer bemerkenswert klar umrissenen Lehre vom anklagenden Gewissen hervorstechend: Dem Gewissen, das den Übeltäter des Schlafes beraubt, das die Anklage im Innern vorbringt, selbst wenn sonst niemand etwas davon weiß als ein unparteiischer Schiedsrichter, der ein unsterbliches, das heißt also ein göttliches Element der Seele ist. Dieses Gewissen ist das wahre Selbst, das höchste Element in der Seele, und Philo spricht von dem richtenden Gewissen in einer Ausdrucksweise, die dem elenchos des heiligen Johannes sehr nahe kommt, der Verurteilung durch den Paraktex. Die jüdische Weisheitsliteratur weiß viel von der Furcht vor dem Herrn als Anfang aller Weisheit zu sagen, und obgleich das Wort „Gewissen" selten gebraucht wird, ist diese Literatur doch ganz von sittlichen Erwägungen der Klugheit und Bedachtsamkeit beherrscht.

Wenn man spätere Einflüsse erwägt, sind die makkabäischen Märtyrer besonders zu erwähnen, die Helden, die lieber starben als Schweinefleisch zu essen. Aber natürlich handelte es sich nicht einfach um Schweinefleisch. Das war nur die besondere Ausdrucksweise dafür, daß man die völlige Hingabe an die vom mosaischen Gesetz vorgeschriebene Lebensweise der allmählichen Erosion vorzog, die den eigenständigen nationalen Bräuchen von dem Mischmasch und Durcheinander des Hellenismus drohte. Diese Sachlage machte die makkabäischen Helden zu Vorbildern christlichen Märtyrertums, zu Mustern für alle künftigen Geschlechter derer, die fühlen, daß ihnen das eigene reine Gewissen und die Treue zur Gemeinschaft mehr gilt als alles andere in der Welt.

IV.

Ich habe mir zu wenig Zeit übriggelassen für eine richtige Erörterung der
Entwicklung dieser Themen im Christentum. Ohne Zweifel spielt darin der
Apostel Paulus eine entscheidende Rolle. Vom populären, nicht technisch-
philosophischen Gebrauch des Wortes „Gewissen" ausgehend, erweiterte
Paulus seine Verwendung dahin, die tiefinnere Überzeugung über sittliche
Fragen darin einzubegreifen: ja, im zweiten Kapitel des Briefes an die Rö-
mer sogar auch alle spontanintuitive Gefühlskenntnis dessen, was recht
und gut ist, bei allen Menschen, ganz abgesehen von der in der Heiligen
Schrift von Gott den Menschen gegebenen Erziehung. Und er gibt dem eine
ganz besondere Wendung in der von ihm ausgebildeten Lehre, daß das Gewissen des vom Heiligen Geist inspirierten Einzelnen letzten Endes der einzig maßgebende Schiedsrichter ist. Im ersten Brief an die Korinther beteuert
er: Ich bin nicht euch gegenüber verantwortlich noch sonst jemandem, sondern nur Gott dem Herrn; was die Menschen sagen werden, ist belanglos;
man soll nicht den Menschen zuliebe handeln.

Und doch hat niemand so nachdrücklich die Verantwortlichkeit eines
Gläubigen betont, das Gewissen anderer zu berücksichtigen, und die Ver-
pflichtung, das Wohl der Gemeinschaft als bedeutungsvoller anzusehen als
die eigene Urteilsfreiheit. Manche haben ein schwaches, überempfindliches
Gewissen: Sie glauben, daß es unrichtig ist, Fleisch, welches von Götzen-
opfern herrührt, billig auf dem Markt zu kaufen und zu Hause zu essen.
Andere wissen, daß die Götzen, die heidnischen Götter, gar nicht existieren.
Sie glauben daher, daß das Essen solchen Fleisches kein Schandfleck auf dem
Gewissen ist. Grundsätzlich stimmt Paulus diesen bei. Die Starken müssen
jedoch die Schwächen der Überempfindlichen hinnehmen. Kein Anhänger
Jesu darf davon sprechen, ein vollkommenes Recht auf die Ausübung der
eigenen Gewissensfreiheit zu haben. Er muß in Betracht ziehen, daß eine
Handlung, die er für völlig richtig hält, bei anderen nichtsdestoweniger
großen Anstoß erregen mag. Es ist ein wesentlicher paulinischer Grundsatz,
daß die liebende Rücksicht für andere den Vorrang hat vor dem Beharren
auf dem eigenen Recht, und das Problem ist natürlich nicht nur das auf alte
Zeiten zurückgehende hinsichtlich des von Götzenopfern herkommenden
Fleisches – eine Versuchung, die uns heute kaum starke Gewissensqualen
verursachen wird. Wer seine sittliche Verpflichtung leicht nimmt – das wird
man wohl allgemein beobachten – wird anderen gegenüber unempfindlich,
da er ohne Rücksicht auf sie auf dem eigenen Recht besteht. Andrerseits wird
der Überempfindliche und mit zu viel Skrupeln Behaftete leicht völlig von
Quisquilien beherrscht, und seine Religion kann einfach ein Ausdruck über-

triebener obsessiver Furcht werden. Sein sittliches Leben kann leicht die großen Fragen ganz übersehen und sich nur mit Trivialitäten befassen, so daß er sein Seelenheil für gesichert hält, solange er sich nur von Bier, Tabak und Kartenspielen fernhält.

Die nachdrückliche Betonung der Liebe und des Gewissens traten notwendigerweise bei Paulus in den Mittelpunkt: Sie wurden die beiden zentralen Prinzipien seiner Sittenlehre, sowie er einmal von der Idee abgekommen war, daß das mosaische Gesetz endgültig und ewig die Vorschriften für das sittliche Verhalten enthält. Aus demselben Grund führten seine Grundsätze dazu, daß er eine klare Grenzlinie zieht zwischen sittlichem Verhalten auf der einen Seite und dem Gesetz auf der andern, und das gerade in bezug auf die Gesetze des römischen Reiches. So wird den Heidenchristen Achtung für die weltlichen Gesetze des römischen Reiches aufgetragen: „um des Gewissens willen", wie er sagt. Denn eine gute Gesellschaftsordnung, die von einer auf Gerechtigkeit basierten Regierung aufrechterhalten wird, ist eine der Segnungen der göttlichen Vorsehung. Aber die Forderungen und Gebote der weltlichen Gesetze beruhen auf einer Grundlage, die gänzlich verschieden ist von denen des Gewissens, geschweige denen der Liebe.

Die Folge von all dem ist wohl, daß Paulus das Gewissen nicht nur als nachträglichen Ankläger ansieht, sondern als stets gegenwärtigen Lenker und Leiter mit einer intuitiven Fähigkeit, sittliche Grundsätze hervorzubringen, um sittliche Entscheidungen treffen zu können. Durch diese Lehre erschließt Paulus den Weg für die viel allgemeinere Ansicht vom Gewissen als dem Geist des Menschen, der über Fragen von Recht und Unrecht „unterscheidet, wählet und richtet".

Man möchte annehmen, daß es das Vermächtnis von Paulus war, das Gewissen als einen der fundamentalen Begriffe des Christentums zu begründen. Allerdings werden bei den Kirchenvätern die Themen, deren Spuren wir verfolgt haben, nachdrücklich betont: Die Heilung des siechen oder tribulierten Gewissens, die Notwendigkeit der Selbstprüfung vor dem Tribunal der Seele (das Thema, über das Augustin immer wieder predigte); die gewissenhaften Beteuerungen des Märtyrers, der seine Integrität gegen die Anfechtungen des Kompromittierens verteidigt; die sittliche Verantwortung vor Gott. *Aber* – selbst bei Augustin wird man keine Theorie sittlicher Entscheidung finden, keine Analyse des Phänomens Gewissen, keine Diskussion seiner metaphysischen Natur. Nur in *einer* Hinsicht ist Augustin von Bedeutung für unser Thema und seine Geschichte. Er legte viel größeres Gewicht auf die subjektive Absicht als auf den Faktor, der den sittlichen Wert einer Handlung bestimmt. Das heißt, er verstärkte den Nachdruck auf die innere Gesinnung im Gegensatz zur äußeren Handlung.

Die Diskussion der philosophischen Probleme beginnt tatsächlich bei den
mittelalterlichen Scholastikern. Nicht vorher stellten sich die Fragen: Ist
Gewissen ein Name dafür, daß man an sittliche Probleme mit dem Verstand
herantritt? Ist es ein rationales Unterscheidungsvermögen, ein Wahrneh-
mungsvermögen, das es uns ermöglicht, in Situationen eines sittlichen Konfliktes eine Entscheidung zu treffen? Oder aber ist es ein irrationales Gefühl? Und sollten wir daher das Gefühlselement im Gewissen stärker betonen als das Verstandeselement?

Wenn wir uns nun der Betrachtung der gegenwärtigen Situation zuwenden,
so läßt sich feststellen, daß der Einfluß von Hume dazu geführt hat, daß die
letztgenannte Ansicht, das Gewissen sei ein Gefühl, heute unter den meisten
Menschen vorherrscht. Wenn wir aber alles rationale Denken und Wissen
von Äußerungen des Gewissens entfernen, sprechen wir die Schlußfolgerung
aus, daß diese Aussagen weder wahr noch falsch sind, weder richtig noch unrichtig in irgendeinem objektiven Sinn, sondern bloß strikt private Stellung-
nahmen ausdrücken.

Die außerordentliche Schwierigkeit, die moderne Philosophen mit dieser
einseitigen Auffassung gehabt haben, führte in unserer Zeit in philosophischen Kreisen zu einem fast völligen Verlust an Vertrauen zu dem Wort.
Ich kann nichts vorbringen, was darauf hinwiese, daß die Philosophen sich
diesbezüglich im Irrtum befinden. Andrerseits hat das Vorherrschen des
Präskriptivismus bei zeitgenössischen Moralphilosophen weitreichende Folgen gehabt, denn der Präskriptivist ist der Meinung, daß das sittliche Verhalten eine persönliche, verantwortungsbewußte Entscheidung des Einzelnen
ist, und daß das Gewissen, wenn es nicht überhaupt nur ein Hirngespinst
ist, jedenfalls nicht ein gespensterhaft urteilender Deus in machina ist. Das
heißt umständlicher ausgedrückt, daß sich Überzeugungen immer in prak-
tisches Verhalten umsetzen und daß dieses Verhalten ihre einzige Verifizie-
rung ist. Eine Handlung braucht keine weitere Rechtfertigung als den persönlichen Entschluß des Einzelnen, im Einklang mit seiner bewußt gewählten
Entscheidung zu handeln. In dieser Auffassung hat das Gewissen aufgehört,
die Stellungnahme zu einem allgemeingültigen objektiven Gebot zu sein (in
dem Sinn, daß, wenn zwei Menschen hinsichtlich eines sittlichen Problems
grundsätzlich verschiedener Meinung sind, wenigstens einer der beiden im
Irrtum ist). Es ist im großen und ganzen zu einem willkürlichen privaten
Schachtelmännchen geworden, das seinen Eigentümer zu intensiven Demon-
strationen bestimmen kann. Der Wert seiner Wirksamkeit hängt von der Aufrichtigkeit und Intensität des Gefühls ab, das in den Demonstrationsakt

hineinfließt. Daher ist es ganz unangebracht, vielleicht sinnlos, zu untersuchen, warum jemand demonstriert. Die Gefahr, dabei lächerlich zu werden, ist offenkundig und bedarf keines erläuternden Beispiels aus dem praktischen Leben der Gegenwart.

Wir leben in einem Zeitalter, in dem die meisten unserer Zeitgenossen zu der Ansicht gekommen sind, Sittlichkeit als eine fast willkürliche Angelegenheit einer ausschließlich privaten Entscheidung aufzufassen. Wie selten befinden sich Personen im modernen Drama oder Roman in Situationen, die durch das Epithet „sittlich" ausgezeichnet werden könnten! Und das hat zur Folge, daß wir sittlichen Fragen gegenüber in Verlegenheit sind und versuchen, sie womöglich in ein gangbareres Idiom zu übertragen oder zu vereinfachen. Der alte Begriff „Gewissen", was immer für Verwirrung an Zweideutigkeiten und Schwierigkeiten er mit sich gebracht haben mag, vertrat jedenfalls etwas von größter Bedeutung für uns alle: die Idee der Würde des Menschen. Er umfaßte die Erhabenheit und das Elend des Menschen und verhinderte sein Hinuntersinken in bloße Banalität.

Übersetzt von
Herrn Dr. J. Alexander (Christ Church, Oxford).

Veröffentlichungen
der Arbeitsgemeinschaft für Forschung des Landes Nordrhein-Westfalen
jetzt der Rheinisch-Westfälischen Akademie der Wissenschaften

Neuerscheinungen 1966 bis 1973

ABHANDLUNGEN

38	*Max Braubach, Bonn*	Bonner Professoren und Studenten in den Revolutionsjahren 1848/49
39	*Henning Bock (Bearb.), Berlin*	Adolf von Hildebrand Gesammelte Schriften zur Kunst
40	*Geo Widengren, Uppsala*	Der Feudalismus im alten Iran
41	*Albrecht Dihle, Köln*	Homer-Probleme
42	*Frank Reuter, Erlangen*	Funkmeß. Die Entwicklung und der Einsatz des RADAR-Verfahrens in Deutschland bis zum Ende des Zweiten Weltkrieges
43	*Otto Eißfeldt †, Halle, und Karl Heinrich Rengstorf (Hrsgb.), Münster*	Briefwechsel zwischen Franz Delitzsch und Wolf Wilhelm Graf Baudissin 1866–1890
44	*Reiner Haussherr, Bonn*	Michelangelos Kruzifixus für Vittoria Colonna. Bemerkungen zu Ikonographie und theologischer Deutung
45	*Gerd Kleinheyer, Regensburg*	Zur Rechtsgestalt von Akkusationsprozeß und peinlicher Frage im frühen 17. Jahrhundert. Ein Regensburger Anklageprozeß vor dem Reichshofrat. Anhang: Der Statt Regenspurg Peinliche Gerichtsordnung
46	*Heinrich Lausberg, Münster*	Das Sonett *Les Grenades* von Paul Valéry
47	*Jochen Schröder, Bonn*	Internationale Zuständigkeit. Entwurf eines Systems von Zuständigkeitsinteressen im zwischenstaatlichen Privatverfahrensrecht aufgrund rechtshistorischer, rechtsvergleichender und rechtspolitischer Betrachtungen
48	*Günter Stökl, Köln*	Testament und Siegel Ivans IV.
49	*Michael Weiers, Bonn*	Die Sprache der Moghol der Provinz Herat in Afghanistan
50	*Walther Heissig (Hrsgb.), Bonn*	Schrifliche Quellen in Moḡolī 1. Teil: Texte in Faksimile
51	*Thea Buyken, Köln*	Die Constitutionen von Melfi und das Jus Francorum

Sonderreihe
PAPYROLOGICA COLONIENSIA

Vol. I
Aloys Kehl, Köln

Der Psalmenkommentar von Tura, Quaternio IX
(Pap. Colon. Theol. 1)

Vol. II
Erich Lüddeckens, Würzburg,
P. Angelicus Kropp O. P., Klausen
Alfred Hermann und Manfred Weber, Köln

Demotische und
Koptische Texte

Vol. III
Stephanie West, Oxford

The Ptolemaic Papyri of Homer

Vol. IV
Ursula Hagedorn und Dieter Hagedorn, Köln,
Louise C. Youtie und Herbert C. Youtie,
Ann Arbor (Hrsg.)

Das Archiv des Petaus (P. Petaus)

SONDERVERÖFFENTLICHUNGEN

Der Minister für Wissenschaft und
Forschung
des Landes Nordrhein-Westfalen
– Landesamt für Forschung –

Jahrbuch 1963, 1964, 1965, 1966, 1967, 1968, 1969, 1970 und 1971/72 des Landesamtes für Forschung

Verzeichnisse sämtlicher Veröffentlichungen der Arbeitsgemeinschaft
für Forschung des Landes Nordrhein-Westfalen, jetzt der
Rheinisch-Westfälischen Akademie der Wissenschaften, können beim
Westdeutschen Verlag GmbH, 567 Opladen, Ophovener Str. 1–3, angefordert werden.

GPSR Compliance
The European Union's (EU) General Product Safety Regulation (GPSR) is a set
of rules that requires consumer products to be safe and our obligations to
ensure this.

If you have any concerns about our products, you can contact us on

ProductSafety@springernature.com

In case Publisher is established outside the EU, the EU authorized
representative is:

Springer Nature Customer Service Center GmbH
Europaplatz 3
69115 Heidelberg, Germany